Sandra Schindlauer

Natura 2000 - Eine Aufgabe für Europa

Bibliografische Information der Deutschen Nationalbibliothek:

Die Deutsche Bibliothek verzeichnet diese Publikation in der Deutschen National-
bibliografie; detaillierte bibliografische Daten sind im Internet über http://dnb.d-
nb.de/ abrufbar.

Impressum:

Copyright © 2007 GRIN Verlag GmbH
Druck und Bindung: Books on Demand GmbH, Norderstedt Germany
ISBN: 978-3-640-94869-7

Dieses Buch bei GRIN:

http://www.grin.com/de/e-book/174373/natura-2000-eine-aufgabe-fuer-europa

Inhaltsverzeichnis

NATURA 2000- EINE AUFGABE FÜR EUROPA

Das Thema „Akzeptanz" durchzieht die deutsche Naturschutzdiskussion seit Jahrzehnten. Es besteht weitgehend Einigkeit darüber, dass Akzeptanz eine Schlüsselrolle für den Erfolg oder das Scheitern von Naturschutzpolitik spielt (SRU 2002: 45). Naturschutz erfreut sich im Allgemeinen zwar einer großen Wertschätzung, aber dennoch gibt es immer wieder Berichte über Proteste betroffener Akteure vor Ort (LEIBENATH 2001: 21ff.). Die Ursachen für diese Diskrepanz der Meinungen lassen sich u.a. in den Verteilungskonflikten finden. Dabei müssen „[...] relativ wenige Grundeigentümer oder Landnutzer [...] zugunsten des Gemeinwohls auf ökonomische Entwicklungsoptionen verzichten, Bewirtschaftungsauflagen berücksichtigen, Betretungsverbote respektieren oder sonstige Nachteile in Kauf nehmen [...]" (LEIBENATH 2007: 179), um die Ausweisung eines Schutzgebietes nicht zu behindern.

Die folgende Ausarbeitung beschäftigt sich in diesem Zusammenhang mit dem bisher größten gemeinschaftlichen Projekt zum Naturschutz der Europäischen Union- mit NATURA 2000.

Unter der Fragestellung „Welches Potenzial und welche Probleme stecken hinter dem Projekt NATURA 2000?" werde ich versuchen die Vor- und Nachteile aufzuzeigen, sowie einen Klärungsansatz für die Lösung möglicher Konfliktpotenziale bei der Ausweisung der NATURA 2000 Gebiete vorzustellen.

Um zunächst die Grundlagen für einen vertiefenden Einstieg ins Thema zu schaffen, werden sich die Kapitel 1 und 2 zunächst mit der Begriffsbestimmung und der Einordnung des NATURA 2000 Projektes in die Historie des gesamteuropäischen Naturschutzes befassen; in Kapitel 2 werden die durch die EU-Kommission erlassenen Richtlinien, die den rechtlichen und administrativen Rahmen des Projektes vorgeben, behandelt. Kapitel 3, 4 und 5 setzen sich im weiteren Verlauf mit den methodischen und finanziellen Grundlagen des Projektes auseinander. Darauffolgend soll dann in Kapitel 6 im Speziellen auf ein Konzept eingegangen werden, das es sich zum Ziel gesetzt hat, Nutzungskonflikte und Konfliktpotenziale bei der Ausweisung von NATURA 2000-Gebieten vorab zu erkennen. Indem eine Verständigung zwischen Behörden und Betroffenen vor Ort stattfindet, sollen eventuelle Befürchtungen geklärt und dadurch Widerstände betroffener Akteure vor Ort vermieden werden. Abschließend möchte ich in Kapitel 7 näher auf die Möglichkeiten grenzüberschreitender Kooperation zwischen Mitgliedsstaaten eingehen. Dazu werde ich exemplarisch die Studie zum Gebiet des „Unteren Odertals" vorstellen, um dann im Fazit die Frage zu beantworten, ob NATURA 2000 eine Chance für Europa darstellen kann und inwieweit noch Verbesserungspotenzial besteht.

NATURA 2000 ist ein symbolischer, zukunftsweisender Begriff für „ […] den Aufbau eines Gebietsnetzes zum Schutze der Natur in Europa […]" (GLATZEL 2000: 5). Das Projekt ist das bisher größte länderübergreifende Naturschutzprojekt der Europäischen Union und ihrer Mitgliedsstaaten (siehe Abb. 1).

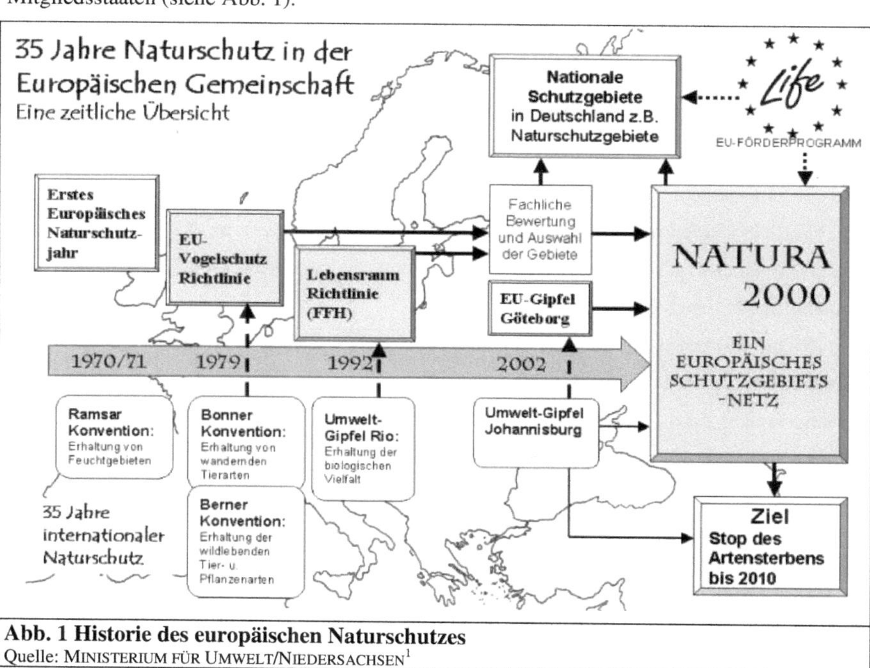

Abb. 1 Historie des europäischen Naturschutzes
Quelle: MINISTERIUM FÜR UMWELT/NIEDERSACHSEN[1]

Gesetzlich ist das NATURA 2000 Projekt in Paragraph 32-38 der Bundesnaturschutzgesetzes verankert (siehe Textanhang 1). Die Festlegungen hierzu wurden in zwei Rahmenrichtlinien festgehalten: 1. die Vogelschutzrichtlinie und 2. die Fauna-Flora-Habitat-Richtlinie (im Folgenden FFH-RL) bestehend aus Anhang I (Lebensraumtypen) und Anhang II (Arten). Auf beide Richtlinie wird in Kapitel 2 noch näher eingegangen

Das Ziel von NATURA 2000 ist es „[…] der unaufhörlichen Verschlechterung der Naturgüter entgegen[zu]treten […] die biologische Vielfalt […]" (GLATZEL 2000: 5) zu sichern und „[…] die Leistungsfähigkeit des Naturhaushalts, die Nutzungsfähigkeit der Naturgüter, die Pflanzen- und Tierwelt, sowie die Vielfalt, Eigenart und Schönheit von Natur und Landschaft als Lebensgrundlage des Menschen […]" (GLATZEL 2000: 6) nachhaltig zu sichern. Diese

Zielsetzung richtet sich in erster Linie auf den Erhalt der Natur, sichert langfristig aber auch die Lebensgrundlage des Menschen.

Der Aufbau des Gebietsnetzes erfolgt durch die Meldungen von FFH- und Vogelschutzgebieten der jeweiligen Mitgliedsstaaten der EU an die Europäische Kommission. Diese erstellt dann eine zusammenfassende Liste von allen gemeldeten Gebieten der Mitgliedsstaaten (siehe dazu Kapitel 4).

KAPITEL 2: DIE RICHTLINIEN

KAPITEL 2.1: DIE FFH-RICHTLINIE

Die FFH-RL besteht seit dem 21.05.1992 (92/43/EWG) (siehe Textanhang 2). Die Gebiete der FFH-RL werden auch als Gebiete gemeinschaftlicher Bedeutung (GGB) oder Special Areas of Conservation bezeichnet (SAC) (siehe Anhang Abb. 2) (BfN 02.01.2006: Grundsätze FFH-Richtlinie).

Die Richtlinie besteht im Wesentlichen aus zwei Anhängen. Anhang I enthält die Lebensraumtypen (z.B. Riffe, Ästuarien, Primärdünen) (BfN: 14.03.2007) und Anhang II die zu schützenden Arten. Zusätzlich findet eine Einteilung der Lebensraumtypen und Arten in prioritär und nicht-prioritär statt. Als prioritär gelten Arten oder Lebensräume, die akut vom Aussterben bedroht sind bzw. kurz vor dem Verschwinden stehen. Lassen sich in einem Gebiet prioritäre Arten oder Lebensräume finden, muss dieses umgehend unter Schutz gestellt werden.

Ziele der FFH-RL sind die Erhaltung und Wiederansiedelung von bestimmten heimischen und auch nicht-heimischen Tier- und Pflanzenarten und die Sicherung der natürlichen Lebensräume und Lebensraumtypen (DIETERICH 1998: 16). Innerhalb der FFH-RL gelten bestimmte Kriterien für die Auswahl der Gebiete bzw. für die einzelnen Anhänge.

Für die Lebensraumtypen sind das (BfN 2.1.2006: Nationale Bewertung.):

1. die relative Fläche
2. die Repräsentativität
3. der Erhaltungs- und Widerherstellungsgrad des Gebietes
4. die Gesamtbewertung des Lebensraumtyps

Zu 1.) Die relative Fläche des vorgeschlagenen Gebietes ergibt sich aus der Flächengröße des gemeldeten Lebensraumtyps bezogen auf den Gesamtbestand des Lebensraumtyps in Deutschland.

Zu 2.) Die Beurteilung des Repräsentativitätsgrades erfolgt in Deutschland auf der Grundlage der naturräumlichen Gliederung. Dabei finden die besonderen Ausprägungen und die natürliche Differenziertheit des jeweiligen Lebensraumtyps besondere Beachtung.

Zu 3.) Der tatsächliche Erhaltungszustand eines Gebietes kann nur mit Ortskenntnis beurteilt werden. Die Festlegung des Erhaltungszustandes trifft das jeweilige Bundesland. Das Bundesamt für Naturschutz (im Folgenden BfN) prüft diese Daten nicht, es wird nur eine Plausibilitätsprüfung durchgeführt.

Zu 4.) Die Gesamtbewertung setzt sich aus der Beurteilung der Einzelkriterien zusammen.

Für die Tier- und Pflanzenarten gelten folgende Kriterien:
1. die relative Populationsgröße
2. der Erhaltungsgrad
3. der Isolierungsgrad
4. die Gesamtbewertung der Tier- oder Pflanzenart

Zu 1.) Die Populationsgröße der jeweiligen Art im Vorschlagsgebiet ergibt sich aus dem Vergleich mit der Populationsgröße in ganz Deutschland. Auch wenn dieses Kriterium nicht ausreichend wissenschaftlich belegt werden kann, legte das BfN dennoch fest, das „[...] die "relative Populationsgröße" in jedem Fall zu bewerten ist [...]" (BfN 2.1.2006: Nationale Bewertung.).

Zu 2.) Der Erhaltungszustand des vorgeschlagenen Gebietes kann ebenfalls nur mit Ortskenntnis bewertet werden. Auch hier wird eine Plausibilitätsprüfung durchgeführt.

Zu 3.) Die Einschätzung des Isolierungsgrades (arealgeografische Situation) der gemeldeten Arten im Gebiet wird nach dem natürlichen Verbreitungsgebiet der Art beurteilt. Das BfN prüft dieses Kriterium anhand von erarbeiteten Übersichtskarten.

Zu 4.) Die Gesamtbewertung setzt sich aus der Beurteilung der Einzelkriterien zusammen.

Bei allen Kriterien wird zwischen solchen unterschieden, die nachprüfbare Tatbestände darstellen (wie z.B. der Flächenanteil oder der Isolierungsgrad) und solchen, die reine Bewertungselemente sind (wie z.B. Repräsentativität) (GLATZEL 2000: 11).

Alles in allem sind in den Anhängen der FFH-RL 231 Lebensraumtypen (Anhang I) und mehr als 1.000 Tier- und Pflanzenarten (Anhang II-IV) aufgelistet. Eine Art oder ein Lebensraum wird nur dann in die Anhänge aufgenommen, wenn sie oder er europaweit gefährdet und verbreitet ist. In Deutschland kommen 258 Tier- und Pflanzenarten und 91 Lebensraumtypen vor. Diese Zahlen beinhalten auch die als ausgestorben oder verschollen geltenden Arten nach der Roten Liste Deutschlands (BfN: 14.03.2007).

Auszug aus der Richtlinie des Rates vom 2. April 1979 über die Erhaltung der wildlebenden Vogelarten (79/409/EWG) (STADTPLANUNGSAMT BERLIN O.A.: Richtlinie 79/406/EWG.):

Artikel 1

(1) Diese Richtlinie betrifft die Erhaltung sämtlicher wildlebenden Vogelarten, die im europäischen Gebiet der Mitgliedstaaten, auf welches der Vertrag Anwendung findet, heimisch sind. Sie hat den Schutz, die Bewirtschaftung und die Regulierung dieser Arten zum Ziel und regelt die Nutzung dieser Arten.

(2) Sie gilt für Vögel, ihre Eier, Nester und Lebensräume.

(3) Diese Richtlinie findet keine Anwendung auf Grönland.

Ziel der Vogelschutzrichtlinie ist demnach „[...] der Erhalt aller im europäischen Gebiet der Mitgliedstaaten vorkommenden rund 700 Vogelarten, sowie die Gewährleistung eines für deren langfristiges Überleben ausreichenden Bestandes [...]." (BfN: 14.03.2007).

Die auszuweisenden Vogelschutzgebiete werden als besondere Schutzgebiete bzw. Special Protected Areas (SPA) bezeichnet (siehe Anhang Abb. 3). Sie werden nach EU-weit einheitlichen Standards ausgewählt und unter Schutz gestellt (BfN 02.01.2006: Grundsätze Vogelschutzrichtlinie.). Anders als in der FFH-RL wurden in der Vogelschutzrichtlinie keine genauen Bewertungskriterien zur Auswahl der Gebiete festgelegt. Das Überleben und die Verbreitung der im Gebiet vorkommenden Vogelarten der Richtlinie soll gesichert werden. Zu diesem Zwecke sollen die „[...] zahlen- und flächenmäßig geeignetsten Gebiete [...]" (STADTPLANUNGSAMT BERLIN O.A.: Richtlinie 79/406/EWG.) ausgewählt werden. Die zu ergreifenden Maßnahmen sehen die Einrichtung von Schutzgebieten, die Wiederherstellung zerstörter Lebensstätten, die Neuschaffung von Lebensstätten und die Pflege und ökologisch richtige Gestaltung der Lebensräume in und außerhalb von Schutzgebieten vor. Außerdem sind die Mitgliedsstaaten dazu verpflichtet geeignete Maßnahmen zu ergreifen, um die Verschmutzung und Beeinträchtigung der Lebensräume der Vögel zu schützen (STADTPLANUNGSAMT BERLIN O.A.: Richtlinie 79/406/EWG.).

Die Verträglichkeitsprüfung gilt sowohl für die FFH-Gebiete, als auch für die Vogelschutzrichtlinie. Die Prüfung soll feststellen, ob die „[...] Erhaltungsziele eines Gebietes durch ein Projekt oder einen Plan beeinträchtigt werden." (GLATZEL 2000: 17).

Falls die Prüfung ergibt, dass keine erheblichen Beeinträchtigungen vorliegen, kann das Projekt oder der Plan durchgeführt werden. Liegt aber eine Beeinträchtigung vor, so werden die Projekte oder Pläne ggf. entweder verboten, eingeschränkt oder auch zugelassen. Letzteres kann aber nur dann stattfinden, wenn erstens keine zumutbare Alternative gegeben ist und zweitens notwendige Ausgleichsmaßnahmen getroffen werden. Zudem muss die Europäische Union davon unterrichtet werden. Wenn die EU-Kommission die Dringlichkeit der Maßnahmen oder die Voraussetzungen zur Durchführung des Plans oder Projektes anders beurteilt, hat sie die Möglichkeit ein Vertragsverletzungsverfahren vor dem Europäischen Gerichtshof einzuleiten. Betrifft die Ausnahmezulassung für das betroffene Gebiet prioritäre Lebensraumtypen oder Arten, so sind die daran geknüpften Bedingungen noch härter. Das Projekt darf nur dann durchgeführt werden, wenn „[...] zwingende Gründe des überwiegenden öffentlichen Interesses [...]" (GLATZEL 2000: 17) vorliegen. Diese sind: Projekte oder Pläne zur Sicherung der Gesundheit des Menschen, zur öffentlichen Sicherheit und besonders günstige Umweltauswirkungen. Auch hier gilt, dass die EU umgehend davon unterrichtet werden muss. Diese gibt dann wiederum eine Stellungnahme ab, die allerdings für die Verantwortlichen Verwalter der betroffenen Gebiete nicht verpflichtend ist. Halten sich die Verantwortlichen jedoch nicht an die Stellungnahme, hat die Europäische Kommission erneut die Möglichkeit ein Vertragsverletzungsverfahren einzuleiten.

Im Detail gliedert sich die Verträglichkeitsprüfung in folgenden Schritten:

---

1. Einstiegsprüfung:

Könnte das betroffenen NATURA 2000 Gebiet durch den Plan oder das Projekt in seinen Erhaltungszielen erheblich beeinträchtigt werden?

Ja   -   Nein (keine Verträglichkeitsprüfung erforderlich)

2. Durchführung der Verträglichkeitsprüfung:

Werden die Erhaltungsziele tatsächlich erheblich beeinträchtigt?

Ja   -   Nein (Zustimmung)

3. Alternativenprüfung 1:

Gibt es eine Alternative, die die Erhaltungsziele nicht beeinträchtigt?

Nein   -   Ja (Ablehnung des ursprünglichen Vorhabens, Annahme der Alternative)

---

4. Alternativprüfung 2:

Gibt es eine Alternative, die die Erhaltungsziele in geringem Maße beeinträchtigt?

Nein   -   Ja (Ablehnung des ursprünglichen Vorhabens, Prüfung der Alternative)

5. Zielkonfliktprüfung:

Gibt es ein öffentliches Interesse an der Durchführung des Projektes/Plans?

Ja   -   Nein (Ablehnung des Vorhabens)

6. Zielkonfliktprüfung bei prioritären Lebensraumtypen und/oder Arten:

Sind im jeweiligen Gebiet prioritäre Lebensraumtypen und/oder Arten betroffen?

Ja   -   Nein (weiter mit 9.)

7. Besondere öffentliche Interessen:

Werden zwingende Gründe mit überwiegendem öffentlichen Interesse (s.o.) geltend gemacht?

Nein   -   Ja (weiter mit 9.)

8. Stellungnahme der EU-Kommission:

Einholung einer Stellungnahme der EU-Kommission, die bei der innerstaatlichen Abwägung zu berücksichtigen ist.

9. Innerstaatliche Abwägungsvorgang:

Liegen zwingende Gründe des öffentlichen Interesses für die Durchführung vor?

Ja   -   Nein (Ablehnung des Plans/Projekts)

10. Festlegung der Ausgleichsmaßnahmen und Unterrichtung der EU-Kommission

(nach GLATZEL 2000: 33f.)

KAPITEL 4: AUFBAU DES GEBIETSNETZES

Der Aufbau des europäischen Gebietsnetzes NATURA 2000 erfolgt in drei Phasen. In Phase eins (Juni 1992- Juni 1995) soll zunächst jeder Mitgliedsstaat die Gebiete bestimmen, die in seinen Augen und aus fachlicher Sicht die vorgegebenen Kriterien zur Gebietsauswahl (z.B. die Populationsgröße der Arten oder der Repräsentativitätsgrad der Lebensraumtypen) erfüllen (siehe Kapitel 2). In Deutschland sind die jeweiligen Bundesländer in erster Instanz für die Meldung von potenziell auszuweisenden Gebieten an das BfN zuständig. In zweiter Instanz gibt das BfN die Gebiete an die Bundesregierung weiter. Diese erstellt daraufhin eine zusammenfassende Gebietsliste und leitet diese weiter nach Brüssel. Jedes Bundesland muss alle in Betracht kommenden Gebiete in so genannten Standardbögen festhalten und über das BfN und die Bundesregierung nach Brüssel melden. Bei der Auswahl der Gebiete haben die

Länder kein Recht aus wirtschaftlichen, ökonomischen oder sonstigen Gründen die Auszeichnung eines Gebietes zu verweigern (BfN 2005: Zeitplan.).

Im Anschluss daran laufen in Phase zwei (Juni 1995- Juni 1998) die Meldungen der Mitgliedsstaaten in Brüssel zusammen und werden zu einer Liste von „Gebieten gemeinschaftlicher Bedeutung" (=Gemeinschaftsliste) zusammengefasst. In dieser Liste werden die Gebiete auch bestimmten biogeographischen Regionen (alpin, boreal, atlantisch usw.) zugeordnet (siehe Abb. 4).

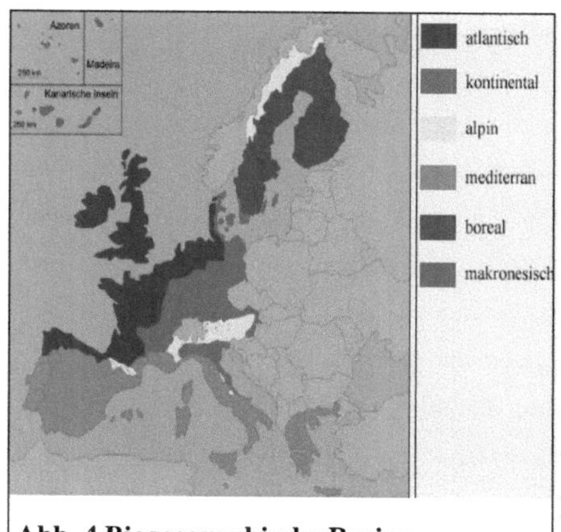

Abb. 4 Biogeographische Regionen
Quelle: ESSEL, Josef [2]

In Phase drei (Juni 1998- Juni 2004) werden dann abschließend die Maßnahmen festgelegt, „[…] die für Schutz, Pflege, und Entwicklung der Lebensräume und für die Tier- und Pflanzenarten von gemeinschaftlicher Bedeutung erforderlich sind […]" (GLATZEL 2000: 11). Diese Maßnahmen müssen individuell auf das betroffene Gebiet abgestimmt werden. Im Wesentlichen umfassen die Erhaltungsmaßnahmen fünfzehn Maßnahmenfelder, wie z.B. Rücknahme der landwirtschaftlichen Nutzung, Rücknahme der Nutzung des Waldes, Öffentlichkeitsarbeit usw. (BfN o.A.: Referenzliste – Erhaltungs- und Entwicklungsmaßnahmen) (siehe Textanhang 3).

KAPITEL 5: FINANZIERUNG VON NATURA 2000

Beide Richtlinien des NATURA 2000 Programms enthalten keine eigenen Finanzierungsregelungen. Die Finanzierung der Umsetzung der Richtlinien liegt im Verantwortungsbereich der Mitgliedsstaaten; in Deutschland sind dafür die Bundesländer zuständig (SAUER ET AL 2005: 11). Es besteht jedoch die Möglichkeit einer Kofinanzierung durch die Europäische Union. Die Auswahl und die Ausweisung der Gebiete werden durch das LIFE-Programm (Finanzierungsinstrumentarium für den Naturschutz), die Initiative LEADER+, die gemeinsame EU-Agrarpolitik (GAP) und durch Strukturmittel aus Brüssel subventioniert (BfN: 03.02.2006). Hierbei gilt auch weiterhin, dass die Mitgliedsstaaten und die Kommunen einen Großteil der anfallenden Kosten selbst tragen müssen.

Um einen Überblick darüber zu bekommen wie hoch die eventuellen Ausgaben für Brüssel und die verschiedenen Kofinazierungsprogramme sein werden, wurde festgelegt, dass mit den Gebietsmeldungen auch Schätzungen über die finanziellen Beiträge für Schutz- und Pflegemaßnahmen und die monetäre Beteiligung der Gemeinschaften an diesen Kosten eingereicht werden müssen. Obwohl diese Berichte für alle Mitgliedsstaaten verpflichtend sind, reichen doch nur wenige die gewünschte Bilanzierung ein (Deutschland eingeschlossen). Aus diesem Grund hat die Europäische Kommission angedroht bis zur vollständigen Meldung der Gebiete keine weiteren Förderungsmittel aus den Strukturfonds zu vergeben (GLATZEL 2000: 19 f.).

Im Rahmen des Teilprogramms LIFE-Natur, das einzig und allein die Finanzierung der FFH-Gebiete unterstützt, standen in den Jahren 2005 und 2006 rund 317 Millionen Euro als Fördermittel zur Verfügung. „Die finanzielle Unterstützung erfolgt in Form einer Kofinanzierung bis zu einem Höchstsatz von 50% bei Naturschutzvorhaben und 100% bei Begleitmaßnahmen." (SAUER ET AL 2005: 12). Anders als das LIFE-Programm, hat die Gemeinschaftsinitiative des LEADER+ das Ziel, die spezifischen Charakteristika der jeweiligen Regionen zu stärken und eine bessere Identifikation der Bevölkerung mit ihrer Region zu erreichen. Gebiete, die für die Förderung durch den LEADER+ in Frage kommen, sind solche, die „[...] kulturgeschichtlich, naturräumlich oder verwaltungstechnisch eine Einheit bilden." (SAUER ET AL 2005: 12). Die EU stellt Deutschland im Rahmen des LEADER+ jährlich 247 Millionen Euro zur Verfügung.

KAPITEL 6: DAS KONZEPT DER VORUNTERSUCHUNG

Ein großes Problem von NATURA 2000 ist, dass nicht nur die Kommunen durch die Gebietsmeldungen betroffen sind, sondern auch die Grundeigentümer bzw. –besitzer der auszuweisenden Gebiete und die Land- und Forstwirtschaft. Nutzungskonflikte sind daher unvermeidlich und können z.T. ein großes Problem darstellen. Daher gilt es in gemeinsamen Gesprächen einen Konsens zu finden, um größere Streitigkeiten zwischen den Gebietsnutzern zu vermeiden.

Im Rahmen dieser Problematik hat das Bundesministerium für Umwelt, Naturschutz und Reaktorsicherheit (BMU) in Kooperation mit BfN über zehn Jahre lang versucht eine Strategie zur Steigerung der Akzeptanz des Naturschutzes in Deutschland und den anderen Mitgliedsstaaten der EU zu erarbeiten (SAUER ET AL 2005: 2), auf das im weiteren Verlauf exemplarisch eingegangen wird. Bei den nachfolgenden Ausführungen handelt es sich um eine konzeptionelle Lösungsstrategie für die Entschärfung von Interessenskonflikten bei der Ausweisung der NATURA 2000 Gebiete.

Auf der Grundlage der Untersuchung in zehn FFH-Gebieten wurde das „Konzept der Voruntersuchung" entwickelt. Dessen Ziele sind:

1. Schlüsselakteure und Interessengruppen, sowie die Art der Interessen zu erfassen

2. mögliche Auswirkungen der örtlichen Vorgeschichte auf das Verfahren abzuschätzen

3. eine Kurzanalyse vorhandener Konflikte und Konfliktmuster durchzuführen

4. eine Rahmenanalyse der rechtlichen und administrativen Rahmenbedingungen durchzuführen

5. Anknüpfungspunkte des FFH-Managements an die lokale Situation zu erkennen

6. Chancen und Risiken einzelner Managementstrategien abzuschätzen

7. den weiteren Handlungsbedarf und Handlungsmöglichkeiten aufzuzeigen

(nach SAUER ET AL 2005: 101)

Aufgrund dessen, dass nicht in allen rund 3500 FFH-Gebieten mit gleichartigen bzw. überhaupt mit Konflikten zu rechnen ist, hat die Forschergruppe das Konzept mehrstufig entwickelt. Auf diese Weise kann bei jedem Gebiet individuell entschieden werden wie tief die Analyse gehen soll. Das Konzept sieht das Durchlaufen von insgesamt vier Phasen vor:

In Phase eins soll eine Checkliste den weiteren Ablauf der Analyse vorstrukturieren. Dabei sollen verschiedene Punkte erfasst werden, wie z.B. Gebietscharakteristika und damit verbundene Landnutzungsformen, bestehende Planungen und Nutzungsinteressen, wichtige Schlüsselakteure (siehe Abb. 5), sozio-ökonomische oder politische Besonderheiten und vor allem vorhandene Konfliktkonstellationen innerhalb und außerhalb

Akteurs- typen Akteurs- gruppen	Individuelle Akteure	Korporative Akteure	
		Behörden	Verbände / Interessenvertreter
Grundeigentümer	Landwirte, Forstwirte	Landratsamt, Gemeindeverwaltung	Grundeigentümerverband, Bauernverband, Waldbesitzerverband, Bürgermeister
Landbewirtschafter	Land- und Forstwirte, Berufsfischer und Jäger	Land- und Forstwirtschaftsbehörden Jagd- und Fischereibehörden	Bauernverband, Waldbesitzerverband, Fischereiverband
Landnutzer („Flächennutzer")	Gewerbetreibende, Investoren Tourismusbetriebe Einwohner	Landratsamt, Gemeindeverwaltung	Landtagsabgeordnete Hotel- und Gaststättenverbände, Stadt-/Gemeinderäte
Freizeitnutzer	Angler, Wassersportler, Jäger, Wanderer, Bergsteiger	Landratsamt, Gemeindeverwaltung Angelsportvereine,	Wassersportvereine, Jagdverbände, Naturfreunde, Deutscher Alpenverein
Personen und Institutionen, die FFH-RL umsetzen	Privatpersonen	Natur- und Umweltschutzbehörden, Bauämter	Natur- und Umweltschutzverbände

Abb. 5 Akteurs- und Interessengruppen
Quelle: Sauer et al 2005[3]

des Naturschutzdiskurses (siehe Anhang Abb. 6). Diese Checkliste kann von den Mitarbeiten der verantwortlichen Verwaltung ausgefüllt werden. In dieser ersten Phase sind gesonderte

Erhebungen nicht notwendig- „[...] knappe telefonische und mündliche Rücksprachen bieten hierfür genügend Anhaltspunkte." (SAUER ET AL 2005: 102).

Auf der Grundlage der so gewonnen Übersicht, kann nun entschieden werden wie weiter vorgegangen werden soll. Wenn beispielsweise bereits viel Daten- und Informationsmaterial über ein Gebiet vorliegt, die betroffene Akteursgruppe nur sehr klein ist oder das jeweilige Gebiet bereits geschützt ist, so sind eventuell nur wenige zusätzliche Erhebungen für die Lösung bestehender Konflikte notwendig.

Falls dies nicht der Fall ist, kann im Anschluss darüber bestimmt werden ob und wie man in Phase zwei weiter vorgeht. Phase zwei sieht eine Datenerhebung vor. Diese Erhebung soll möglichst so gestaltet werden, dass sie erstens die Akteure vor Ort so wenig wie möglich belastet und zweitens, dass sie mit einem möglichst geringen Zeitaufwand durchgeführt werden kann. Zunächst wird aufgrund der Ergebnisse von Phase eins beurteilt wie schwer oder prekär sich die Konfliktsituation(en) im betroffenen Gebiete darstellt. Bei schweren Konfliktsituationen sieht das Konzept das Hinzuziehen externer Fachleute wie z.B. Kommunikations- oder Beraterbüros vor. Wegen des relativ hohen Kostenfaktors macht dieses Hinzuziehen allerdings nur bei größeren oder besonders wichtigen FFH-Gebieten Sinn. Ist die Situation entspannter, kann der Konflikt auch im Rahmen eines Behördenaustausches, also Schrift- und Telefonverkehr, gelöst werden. „Wichtig sind [dabei] neben der Auswahl der Gesprächspartner vor allem die inhaltliche Vorbereitung und die sensible Durchführung der Gespräche." (SAUER ET AL 2005: 105). Im Vorfeld der Gespräche müssen Informationen und Materialien über das betroffene Gebiet eingeholt und beurteilt werden. Das Gespräch selbst soll dann anhand eines Leitfadens und/oder Themenschwerpunktkataloges geführt werden. Themenscherpunkte können z.B. die Interessen der Schlüsselaktuere am Gebiet, positive und negative Erwartungen an ein FFH-Gebiet oder die Bedeutung des Gebietes für den Gesprächspartner sein. Sind die Vorlaufgespräche abgeschlossen und die „Fronten geklärt", schließt sich Phase drei an.

In Phase drei wird die Voruntersuchung aufbreitet, indem eine „[...] prägnante Erfassung aller entscheidungsrelevanten Faktoren [...]"(SAUER ET AL 2005: 106) stattfindet und dadurch Vergleiche zwischen den Gebieten ermöglicht werden. Die Ergebnisse dieser Erfassung sollen anschließend in einem Gebietssteckbrief (siehe Anhang Abb. 7) zusammengefasst werden, der auch die Darstellung der Akteurskonstellation (in Form einer Netzwerkanalyse oder eines hierarchischen Organigramms) beinhalten soll.

Abschließend wird in Phase vier, in Abhängigkeit von rechtlichen und administrativen Rahmenbedingungen, eine Entscheidung darüber getroffen, welche Schritte konkret eingeleitet werden müssen, um die nunmehr identifizierten Konflikte zu lösen. Idealerweise sollte dieser Entscheidungsprozess von einem Implentationsberater begleitet werden.

Insgesamt bietet das Konzept der Voruntersuchung innerhalb einer Untersuchungszeitraumes von ein bis drei Wochen (je nach Komplexität der Problemstellung) eine gute Möglichkeit individuelle Entscheidungsgrundlagen für die weitere Organisations- und Verfahrenskonzeptionen im jeweiligen Untersuchungsgebiet zu erarbeiten. Das wichtigste Potenzial dieser Voruntersuchung ist, aufgrund der detaillierten Übersicht, die Möglichkeit der Abschätzung des Konfliktpotenzials zwischen den betroffenen Schlüsselakteuren vor Ort und vor allem die Chance bereits bestehende Konflikte zu klären und anschließend zu lösen (SAUER ET AL 2005: 109).

KAPITEL 7: MÖGLICHKEITEN GRENZÜBERSCHREITENDER KOOPERATION AM BEISPIEL „UNTERES ODERTAL"

Die folgenden Studie soll exemplarisch die Möglichkeiten und Probleme grenzüberschreitender Kooperation bei der Ausweisung von NATURA 2000 Gebieten und dem Schutz von bedrohten (Fisch-)Arten aufzeigen. Im Zentrum der Fallstudie steht die grenzüberschreitende Verbundenheit von NATURA 2000-Gebieten an der deutsch-polnischen Grenze.

In diesem Zusammenhang hat es sich eine Forschergruppe zum Ziel gesetzt „Aspekte der Akzeptanz und Legitimation von Naturschutz mit Fragen der grenzüberschreitenden Zusammenarbeit im Naturschutz [...]" (LEIBENATH/LEHMANN 2007: 179) zu verbinden und dies anhand des Gebiets „Unteres Odertal" beispielhaft zu untersuchen.

Die Studie basiert auf GIS-gestützten Analysen des Gebietsnetzes NATURA 2000 im Untersuchungsbereich. Der Fokus richtet sich zum Zwecke einer gezielten Analyse auf drei Fischarten (Bitterling, Rapfen und Steinbeißer) die im Anhang II der FFH-Richtlinie sowohl auf der deutschen, als auch auf der polnischen Seite der Oder vorkommen. Ziel der Untersuchung war es zu überprüfen inwieweit die vorgeschlagene oder bereits bestehende NATURA 2000-Gebiete beider Länder den grenzüberschreitenden Lebensraumbeziehungen der Fische im Unteren Odertal gerecht werden. Neben der GIS-gestützen Gebietsanalyse wurden zusätzlich leitfadengestützte Interviews mit den Experten der verschiedenen Akteursgruppen (Naturschützer, Landnutzer) in Brandenburg und in Woiwodschaft geführt, um die Wirkungen und Hintergründe der Schutzgebietsmeldungen im Hinblick auf den

Einsatz und die Ergebnisse von Legitimationsstrategien aufzudecken und um herauszufinden welche Einstellungen Vertreter zentraler Akteursgruppen vor Ort gegenüber der Ausweisung von NATURA 2000-Gebieten vertreten. Zudem sollte die Frage geklärt werden welchen Einfluss die lokale Akzeptanz von NATURA 2000 auf die grenzüberschreitende Konnektivität der Schutzgebiete hat (LEIBENATH/LEHMANN 2007: 180).

Die für die Studie ausgewählten Fischarten eignen sich besonders für die Untersuchung, weil sie nur in diesem begrenzten Gebiet der Oder, nämlich genau an der Grenze zwischen Deutschland und Polen vorkommen und daher eine einheitliche Ausweisung von Schutzgebieten auf beiden Uferseiten sinnvoll und auch notwendig ist, um die Arten effektiv zu schützen und zu erhalten. Die folgende Tabelle zeigt die bisherigen Ausweisungen:

Deutschland	Polen
Ausweisung einer Reihe benachbarter FFH-Gebiete zum expliziten Schutz der drei Fischarten und Ausweisung von SPA	Bislang (Dezember 2005) nur Vorschlag der Ausweisung von SPA (Special Protection Areas = Teil der Vogelschutzrichtlinie)
→ Grenzüberschreitende Konnektivität: Keine (nach LEIBENATH/LEHMANN 2007: 181)	

Nun stellt sich die Frage ob es hinsichtlich des Schutzes der drei Fischarten überhaupt eine grenzüberschreitende Koordinierung gegeben hatte. Die Antwort auf diese Frage lautet überraschenderweise „Ja". Die Ausweisung der NATURA 2000 Gebiete im Bereich des Unteren Odertals (siehe Abb. 8) wurde „[...] von informellen Kontakten zwischen den verantwortlichen Naturschutzbehörden und weiteren Naturschutzexperten beider Seiten begleitet und unterstützt." (LEIBENATH/LEHMANN 2007: 182)

Aus dieser Zusammenarbeit bildete sich Mitte der 90er Jahre eine Netzwerk aus Mitarbeitern des branden-burgischen Umweltministeriums, Repräsentanten der Naturschutz-organisationen WWF, NABU und Klub Przyrodników, den Direktoren der beiden National-parkverwaltungen im Unteren Odertal, sowie dem Woiwodschafts-Naturschutzkonservator Westpommerns.

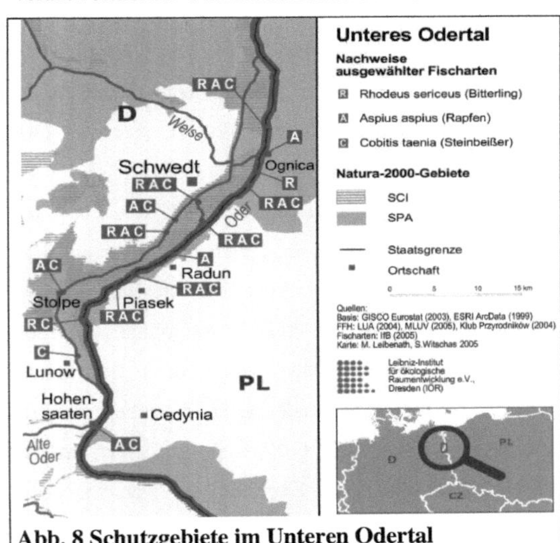

Abb. 8 Schutzgebiete im Unteren Odertal
Quelle: Leibenath/Lehmann 2007: 182

Zusätzlich wurde das Thema „Ausweisung der NATURA 2000- Schutzgebiete" ab 1998 bei den jährlichen Treffen des brandenburgischen Umweltministeriums mit Mitarbeitern der Umweltabteilung der Woiwodschaft Westpommern im deutsch-polnischen Programmrat „Internationalpark Unteres Odertal" und in der polnisch-brandenburgischen Arbeitsgruppe „Grenzüberschreitender Naturschutz" thematisiert (LEIBENATH/LEHMANN 2007: 182).

Im Bezug auf die betroffenen Hauptakteursgruppen im betroffenen Gebiet (Landbesitzer, Landwirte, Fischer) stellten die Forscher fest, dass es auf beiden Seiten keinen Dialog zwischen den Behörden und den Betroffenen vor Ort gegeben hatte. In vielen Fällen fühlten sich die Akteure übergangen. Da in der Bevölkerung zudem keine Bemühungen angestrengt wurden Legitimität für NATURA 2000 zu schaffen, befürchteten die Akteure maßgebliche Einschränkungen ihrer Eigentums- und Nutzungsrechte und waren dementsprechend dem Projekt NATURA 2000 gegenüber nicht positiv gestimmt. Obwohl die Gebiete im deutsch-polnischen Grenzraum über die Köpfe der Akteure hinweg gemeldet wurden, ist, nach den Ergebnissen der Studie, dennoch spätestens bei der praktischen Umsetzung der mit NATURA 2000 verbundenen Naturschutzmaßnahmen mit Widerstand durch die Akteure zu rechnen.

Der Grund dafür warum auf polnischer Seite nur eine Ausweisung zu einer SPA stattfand, hatte behördliche Ursachen. Offenbar fürchteten die Stettiner Wasserwirtschaftsverwaltung und die staatliche Forstverwaltung, durch die Ausweisung der Gebiete Einschränkungen beim technischen Hochwasserschutz und bei geplanten Veränderungen der Waldanteile im betroffenen Gebiet (LEIBENATH/LEHMANN 2007: 182).

Die Fallstudie über die Ausweisung von NATURA 2000-Gebieten im Unteren Odertal hat im Wesentlichen zwei Dinge gezeigt. Zum Einen dass es möglich ist, neue Schutzgebiete ohne nennenswerte Beteiligung lokaler Akteure auszuweisen und zum Anderen, dass gute grenzüberschreitende Kontakte zwischen Naturschutzbehörden nicht immer ausreichen, um die Konnektivität eines im Grunde zusammengehörigen NATURA 2000-Gebietes zum Schutze der dort lebenden (Fisch-)Arten sicherzustellen.

NATURA 2000-
EINE CHANCE FÜR DEN EUROPÄISCHEN NATURSCHUTZ

NATURA 2000 stellt eine große Chance für den grenzüberschreitenden Schutz von Arten und Lebensräumen in Europa dar. Anders als bei traditionellen nationalen Instrumenten des Naturschutzes, bei denen es in der Praxis große Unterschiede zwischen den Staaten gibt, bietet das NATURA 2000 Projekt erstmals einen Schutzgebietstypus, der in allen EU-Mitgliedstaaten gleich bezeichnet wird und auch einheitlichen Auswahlkriterien unterliegt. Was aber vielleicht noch viel wichtiger ist, ist, dass auch das Ziel des Projektes immer das gleiche ist, nämlich „[...] der Schutz definierter Lebensraumtypen sowie Tier- und Pflanzenarten – so verschiedenartig die ergriffenen Maßnahmen im Einzelfall auch sein mögen." (LEIBENATH/LEHMANN 2007: 183). Trotz aller Einigkeit, gibt es bei der Umsetzung des Projektes zwei schwerwiegende Probleme. Erstens: das Entstehen von Nutzungskonflikten zwischen Behörden und betroffenen Akteuren vor Ort. Bisher wurde es versäumt vermehrt auf die Bedürfnisse und Befürchtungen der Akteure einzugehen. Da ist es nicht verwunderlich, dass Proteste und Wiederstände gegen die Ausweisung von NATURA 2000 Gebieten stattfinden. Wie oben bereits erwähnt sind Akzeptanz und Legitimation wichtige Erfolgsfaktoren in der Naturschutzpolitik. Aus diesem Grund sollten Programme wie das „Konzept der Voruntersuchung" in Zukunft verstärkt eingesetzt werden.

Zweitens: Beide Richtlinien des Projektes fordern nicht zwingend die grenzüberschreitende Konnektivität von Schutzgebieten. Dementsprechend sind benachbarte Mitgliedstaaten auch nicht verpflichtet, ihre Schutzgebietsmeldungen untereinander zu koordinieren und aufeinander abzustimmen. Eine Folge dieser unkoordinierten Planungsstrukturen kann sein, dass der Schutz von Arten, Pflanzen und Lebensräumen nicht effektiv ist. Denn Arten, Pflanzen und Lebensräume halten sich nicht an Ländergrenzen. Deshalb ist eine grenzüberschreitende Koordinierung der Ausweisungen der Gebiete zum effektiven Schutz der Arten, Pflanzen und Lebensräume meiner Meinung nach unbedingt erforderlich.

Wegen der zumeist einseitigen Meldungen potenziell grenzüberschreitender NATURA 2000-Gebiete, hat die Europäische Kommission meist keine Kenntnis und damit auch keine Möglichkeit die Mitgliedstaaten zur Nachbesserung aufzufordern oder die jeweilige nationale Gebietsliste zurückzuweisen. Da grundlegende Änderungen der Richtlinien vermutlich eher unwahrscheinlich sind, sollten sich zukünftige Bemühungen vielleicht eher darauf konzentrieren, die grenzüberschreitende Konnektivität von NATURA 2000-Gebieten im Rahmen der gegenwärtigen Rechtslage zu verbessern.

LITERATURVERZEICHNIS

BUNDESAMT FÜR NATURSCHUTZ (14.03.2007): Die Lebensraumtypen und Arten (Schutzobjekte) der FFH- und Vogelschutzrichtlinie. Internet: http://www.bfn.de/0316_lr_intro.html (Stand: 23.04.2007).

BUNDESAMT FÜR NATURSCHUTZ (03.02.2006): Finanzierungsoptionen für Maßnahmen im Rahmen der FFH- und Vogelschutzrichtlinie. Internet: http://www.bfn.de/0316_finanzen.html (Stand: 13.04.2007).

BUNDESAMT FÜR NATURSCHUTZ (02.01.2006): Grundsätze Vogelschutzrichtlinie. Internet: http://www.bfn.de/0316_vschrl.html (Stand: 22.05.2007).

BUNDESAMT FÜR NATURSCHUTZ (02.01.2006): Grundsätze FFH-Richtlinie. Internet: http://www.bfn.de/0316_ffh-rl.html (Stand: 14.05.2007).

BUNDESAMT FÜR NATURSCHUTZ (02.01.2006): Verzeichnis der in Deutschland vorkommenden Lebensraumtypen des europäischen Schutzgebietssytems NATURA 2000. Internet: http://www.bfn.de/0316_typ_lebensraum.html (Stand: 12.04.2007).

BUNDESAMT FÜR NATURSCHUTZ (02.01.2006): Ausweisungsverfahren der Schutzgebiete im Netz Natura 2000. Internet: http://www.bfn.de/0316_meldeverfahren.html (Stand: 15.05.2007).

BUNDESAMT FÜR NATURSCHUTZ (02.01.2006): Nationale Bewertung. Internet: http://www.bfn.de/0316_kriterien.html (Stand: 23.04.2007).

BUNDESAMT FÜR NATURSCHUTZ (03/2005): Zeitplan zum Verfahren der Gebietsausweisung und der Berichterstattung im Rahmen des Netzwerkes Natura 2000. Internet: http://www.bfn.de/fileadmin/MDB/documents/zeitplan.pdf (Stand: 12.04.2007).

BUNDESAMT FÜR NATURSCHUTZ (o.A.): Referenzliste – Erhaltungs- und Entwicklungsmaßnahmen. Internet: http://www.bfn.de/fileadmin/MDB/documents/030306_refmassnahmen.pdf (Stand: 14.04.2007).

BUNDESMINISTERIUM DER JUSTIZ (o.A.): Gesetze über Naturschutz und Landschaftspflege. Internet: http://bundesrecht.juris.de/bnatschg_2002/index.html (Stand: 14.05.2007).

DIETERICH, Dr. Fritz (1998): NATURA 2000 – Europaweites Netzwerk von Vogel- und FFH-Schutzgebieten. In: NUA-Seminarbericht Band 1: NATURA 2000. Ein Netzwerk von FFH- und Vogelschutzgebieten. Recklinghausen. S. 12-25.

GLATZEL, Dr. Horst (2000): Natura 2000 und die Kommunen. Wesseling.

LEIBENATH, MARKUS (2001): Entwicklung von Nationalparkregionen durch Regionalmarketing, untersucht am Beispiel der Müritzregion. Frankfurt/M.

LEIBENATH, MARKUS /LEHMANN, KERSTIN (2007): Grenzüberschreitende Konnektivität und lokale Akzeptanz von Natura 2000. Das Beispiel des Unteren Odertals. In: Naturschutz und Landschaftsplanung 39 (6). Stuttgart. S. 179-184.

SAUER, Alexandra et al (2005): Steigerung der Akzeptanz von FFH-Gebieten. Abschlussbericht. Bonn.

SRU (Der Rat von Sachverständigen für Umweltfragen) (2002): Sondergutachten des Rates von Sachverständigen für Umweltfragen: Für eine Stärkung und Neuorientierung des Naturschutzes. Internet: www.umweltrat.de/02gutach/downlo02/sonderg/SG_Naturschutz_2002.pdf (Stand: 20.04.2007).

STADTPLANUNGSAMT BERLIN (Hrsg.) (o.A.): Richtlinie 92/43/EWG des Rates vom 21. Mai 1992 zur Erhaltung der natürlichen Lebensräume sowie der wildlebenden Tiere und Pflanzen. Internet: http://www.stadtentwicklung.berlin.de/umwelt/naturschutz/downloads/rechtsgrundlag en/eurecht/ffh-richtlinie.pdf (Stand: 14.04.2007).

STADTPLANUNGSAMT BERLIN (Hrsg.) (o.A.): Richtlinie 79/406/EWG des Rates vom 2. April 1979 über die Erhaltung der wildlebenden Vogelarten. Internet: http://www.stadtentwicklung.berlin.de/umwelt/naturschutz/downloads/rechtsgrundlag en/eurecht/vogelschutzrichtlinie.pdf (Stand: 14.04.2007).

ABBILDUNGEN IM TEXT:

[1]ESSEL, Josef (o.A.): Biogeographische Regionen, die von den Mitgliedsstaaten

vorgeschlagenen NATURA 2000 Gebiete werden in sechs biogeographische Regionen (boreal, kontinental, atlantisch, alpin, makronesisch und mediterran) eingegliedert. Internet:

http://www.alpenverein.at/naturschutz/Natur_Umweltschutz/img/natura2000_map.gif (Stand: 22.05.2007).

[2]MINISTERIUM FÜR UMWELT/NIEDERSACHSEN (o.A.): Historie des europäischen Naturschutzes. In: Mitteilungen des AKN. Sonderheft Nr. 1: NATURA 2000. Internet: http://www.aknaturschutz.de/mitteil/sonder/europa2.jpg&imgrefurl=http://www.aknat urschutz.de/mitteil/sonder/nat2000.htm&h=212&w=207&sz=11&hl=de&start=268&u m=1&tbnid=NLGnF9UzU0cW0M:&tbnh=106&tbnw=104&prev=/images%3Fq%3D natura%2B2000%26start%3D260%26ndsp%3D20%26svnum%3D10%26um%3D1% 26hl%3Dde%26rls%3DSUNA,SUNA:2006-12,SUNA:de%26sa%3DN (Stand: 12.04.2007).

[3]SAUER, Alexandra et al (2005): Tabelle 16 Schlüsselakteure: Typen und Gruppen. In: SAUER, Alexandra et al (2005): Steigerung der Akzeptanz von FFH-Gebieten. Abschlussbericht. Bonn. Anhang S. I-10.

Abb. 2 Vorgeschlagene FFH-Gebiete in Deutschland
Quelle: BUNDESAMT FÜR NATURSCHUTZ 02/2005: FFH-Vorschlagsgebiete in Deutschland. Internet:
http://www.bfn.de/fileadmin/MDB/documents/karte_ffh2005.pdf (Stand: 17.04.2007).

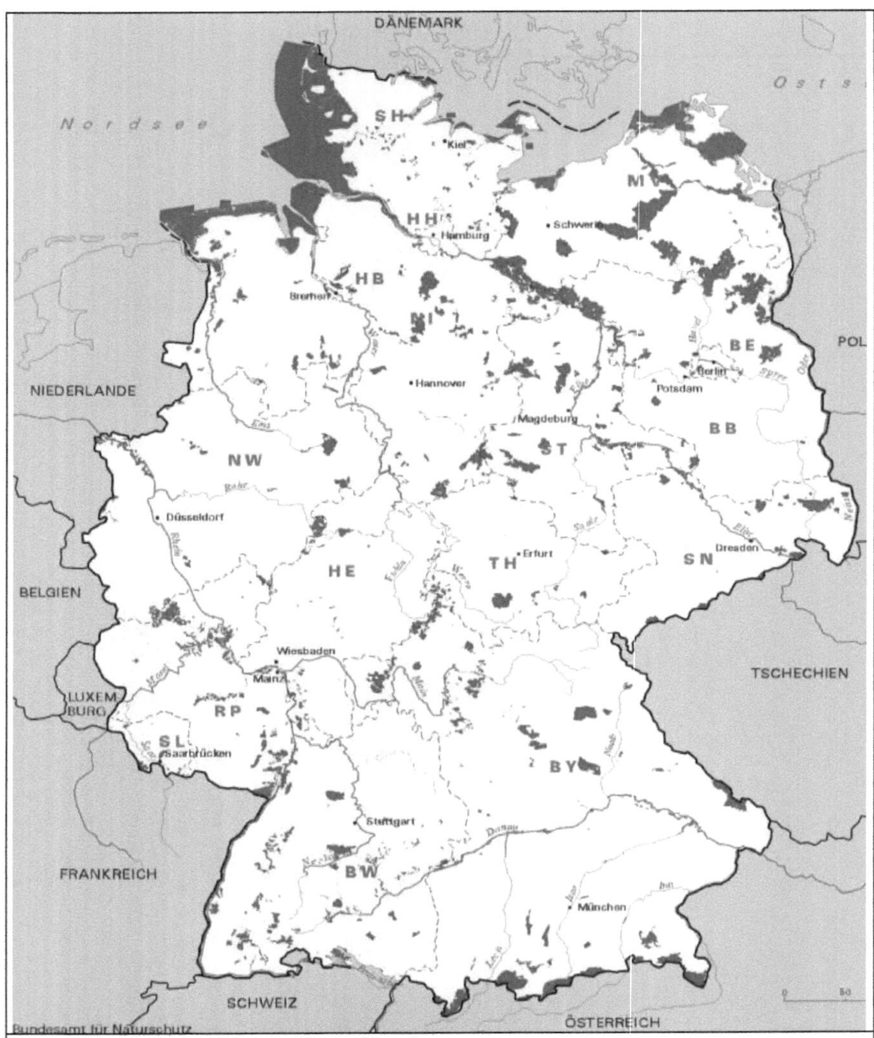

Abb. 3 Vogelschutzgebiete in Deutschland
Quelle: BUNDESAMT FÜR NATURSCHUTZ 31.05.2004: Europäische Vogelschutzgebiete in Deutschland. Internet:
http://www.bfn.de/fileadmin/MDB/documents/karte_spa2004.pdf (Stand: 16.04.2007).

1	**Charakteristika des Gebiets/ der Gebiete**				
1.1	Schutzgebiet §§ 23 – 30 BNatSchG?		Erfahrungen / Konflikte?		Ansprechpartner
		Ja	Positiv - unterstützend	→	Herr Frosch
			Negativ eingestellt	→	Herr Strittmann
		Nein	Sonstige Naturschutzprojekte?	→	Falls ja, weiter wie oben
1.2	FFH-Lebensraumtyp oder Art		Wirtschaftsformen		Ansprechpartner
		SÜ	Fischerei		Herr Seekamp
		GRA	Landwirtschaft	→	Frau Bauer
		MO	Rohstoffabbau		
		WALD			
1.3	Gefährdungsgrad	Hoch: prioritäre Art + Gewerbegebiet (s. 3.2)			
2	**Konfliktkonstellationen**				
2.1	Naturschutzkonflikte		Konfliktgegenstand		Konfliktparteien
		Ja	Wiedervernässung	→	Unterhaltungsverband
					Frau Bauer
			FFH		Stellungnahme Strittmann
		Nein			
2.2	Sonstige Konflikte		Konfliktgegenstand		Konfliktparteien
		Ja	Mobilfunkantenne	→	Bürgermeister Meier
					Bürgerinitiative
		Nein			
3	**Planung / Entwicklung**				
3.1	Raumwirksame Planwerke				
		vorhanden		→	Auflistung Punkt 6
		Aufstellung	FNP	→	Wie 2.2
3.2	Geplante Vorhaben		Risiko f. FFH-Gebiet		Ansprechpartner
		ja	Gewerbegebiet	→	Herr Strittmann
		nein			
4	**Sonstige Akteure**				
			Relevanz für Gebiet?		Ansprechpartner
	Landwirtschaftsamt		Förderprogramme		Herr Huber
	Bürgermeister Meier	→	Stammtisch!!	→	Bürgermeister Meier
	Planungsbüro		PEPL NSG!		
5	**Besonderheiten**				
z.B. gibt es besondere wirtschaftliche, soziale oder politische Probleme/Konstellationen; stehen Wahlen an, unterliegt eine Landnutzergruppe besonderem Druck, z.B. durch mangelnde Hofnachfolge, Konflikte aus dem Meldeverfahren, etc.					
6	**Vorhandenes Material**				
Karten, Rechtsvorschriften, Stellungnahmen, Protokolle, Zeitungsberichte, sonstige Dokumente					

Abb. 6 Ckeckliste

Quelle: SAUER, Alexandra et al (2005): Steigerung der Akzeptanz von FFH-Gebieten. Abschlussbericht. Bonn. S. 104.

Landesrechtliche Vorgaben	Auflistung
Sonstige administrative oder rechtliche Vorgaben (formal/informal)	Verwaltungsvorschriften und Ausführungsbestimmungen
Organigramm	Zuständigkeiten auf Landes- und Bezirksebene; Ergänzung auf lokaler Ebene durch de facto vorgefundene Aufgabenteilung. Nicht nur staatlicher Bereich, sondern auch sonstige Schlüsselakteure in FFH-relevanten Bereichen (Bsp. Landwirtschaftliche Beratung, Fördermittelstellen, Naturschutzwacht, Verbände)
Managementinstrumente	Setzt das Land Prioritäten; gibt es bereits Rahmenvereinbarungen mit Nutzergruppen, etc.
Finanzierung	a) ggf. Ausstattung der zuständigen Behörden und Interessenvertreter b) Fördermittel auch in FFH-relevanten Bereichen (Regionalentwicklung, Wettbewerbe, etc.) c) Sonstige Geldquellen
Planungen	Rechtskräftige Planungen und informelle Konzepte; vorhandene Beteiligungsinstrumente.
Sonstige Projekte mit Raumbezug	LEADER+, Infrastrukturmaßnahmen, Flurneuordnung, Landschaftspläne, etc..
Kurzcharakteristik des Gebiets	Aus Standarddatenbögen (Schutzstatus, Lebensräume, etc.)
Naturschutzfachliche Konzepte	Pflege- und Entwicklungspläne, Arten- und Biotopkartierung, Sondergutachten, etc.

Abb. 7 Gebietssteckbrief im Rahmen der Voruntersuchung
Quelle: SAUER, Alexandra et al (2005): Steigerung der Akzeptanz von FFH-Gebieten. Abschlussbericht. Bonn. S. 107.

§ 32 Europäisches Netz "Natura 2000"

Die §§ 32 bis 38 dienen dem Aufbau und dem Schutz des Europäischen ökologischen Netzes "Natura 2000", insbesondere dem Schutz der Gebiete von gemeinschaftlicher Bedeutung und der Europäischen Vogelschutzgebiete. 2Die Länder erfüllen die sich aus den Richtlinien 92/43/EWG und 79/409/EWG ergebenden Verpflichtungen, insbesondere durch den Erlass von Vorschriften nach Maßgabe der §§ 33, 34, 35 Satz 1 Nr. 2 und des § 37 Abs. 2 und 3.

§ 33 Schutzgebiete

(1) Die Länder wählen die Gebiete, die der Kommission nach Artikel 4 Abs. 1 der Richtlinie 92/43/EWG und Artikel 4 Abs. 1 und 2 der Richtlinie 79/409/EWG zu benennen sind, nach den in dieser Vorschrift genannten Maßgaben aus. 2Sie stellen das Benehmen mit dem Bundesministerium für Umwelt, Naturschutz und Reaktorsicherheit her; das Bundesministerium für Umwelt, Naturschutz und Reaktorsicherheit beteiligt die anderen fachlich betroffenen Bundesministerien. 3Die ausgewählten Gebiete werden der Kommission vom Bundesministerium für Umwelt, Naturschutz und Reaktorsicherheit benannt. 4Es übermittelt der Kommission gleichzeitig Schätzungen über eine finanzielle Beteiligung der Gemeinschaft, die zur Erfüllung der Verpflichtungen nach Artikel 6 Abs. 1 der Richtlinie 92/43/EWG einschließlich der Zahlung eines finanziellen Ausgleichs für die Landwirtschaft erforderlich ist.

(2) Die Länder erklären die in die Liste der Gebiete von gemeinschaftlicher Bedeutung eingetragenen Gebiete nach Maßgabe des Artikels 4 Abs. 4 der Richtlinie 92/43/EWG und die Europäischen Vogelschutzgebiete entsprechend den jeweiligen Erhaltungszielen zu geschützten Teilen von Natur und Landschaft im Sinne des § 22 Abs. 1.

(3) Die Schutzerklärung bestimmt den Schutzzweck entsprechend den jeweiligen Erhaltungszielen und die erforderlichen Gebietsbegrenzungen. Es soll dargestellt werden, ob prioritäre Biotope oder prioritäre Arten zu schützen sind. Durch geeignete Gebote und Verbote sowie Pflege- und Entwicklungsmaßnahmen ist sicherzustellen, dass den Anforderungen des Artikels 6 der Richtlinie 92/43/EWG entsprochen wird. 4Weitergehende Schutzvorschriften bleiben unberührt.

(4) Die Unterschutzstellung nach den Absätzen 2 und 3 kann unterbleiben, soweit nach anderen Rechtsvorschriften, nach Verwaltungsvorschriften, durch die Verfügungsbefugnis eines öffentlichen oder gemeinnützigen Trägers oder durch vertragliche Vereinbarungen ein gleichwertiger Schutz gewährleistet ist.

(5) Ist ein Gebiet nach § 10 Abs. 6 bekannt gemacht, sind

1.　　in einem Gebiet von gemeinschaftlicher Bedeutung bis zur Unterschutzstellung,
2.　　in einem Europäischen Vogelschutzgebiet vorbehaltlich besonderer Schutzvorschriften im Sinne des § 22 Abs. 2

alle Vorhaben, Maßnahmen, Veränderungen oder Störungen, die zu erheblichen Beeinträchtigungen des Gebiets in seinen für die Erhaltungsziele maßgeblichen Bestandteilen führen können, unzulässig. In einem Konzertierungsgebiet sind die in Satz 1 genannten Handlungen, sofern sie zu erheblichen Beeinträchtigungen der in ihm vorkommenden prioritären Biotope oder prioritären Arten führen können, unzulässig.

§ 34 Verträglichkeit und Unzulässigkeit von Projekten, Ausnahmen

(1) Projekte sind vor ihrer Zulassung oder Durchführung auf ihre Verträglichkeit mit den Erhaltungszielen eines Gebiets von gemeinschaftlicher Bedeutung oder eines Europäischen Vogelschutzgebiets zu überprüfen. Bei Schutzgebieten im Sinne des § 22 Abs. 1 ergeben sich die Maßstäbe für die Verträglichkeit aus dem Schutzzweck und den dazu erlassenen Vorschriften.

(2) Ergibt die Prüfung der Verträglichkeit, dass das Projekt zu erheblichen Beeinträchtigungen eines in Absatz 1 genannten Gebiets in seinen für die Erhaltungsziele oder den Schutzzweck maßgeblichen Bestandteilen führen kann, ist es unzulässig.

(3) Abweichend von Absatz 2 darf ein Projekt nur zugelassen oder durchgeführt werden, soweit es

1. aus zwingenden Gründen des überwiegenden öffentlichen Interesses, einschließlich solcher sozialer oder wirtschaftlicher Art, notwendig ist und
2. zumutbare Alternativen, den mit dem Projekt verfolgten Zweck an anderer Stelle ohne oder mit geringeren Beeinträchtigungen zu erreichen, nicht gegeben sind.

(4) Befinden sich in dem vom Projekt betroffenen Gebiet prioritäre Biotope oder prioritäre Arten, können als zwingende Gründe des überwiegenden öffentlichen Interesses nur solche im Zusammenhang mit der Gesundheit des Menschen, der öffentlichen Sicherheit, einschließlich der Landesverteidigung und des Schutzes der Zivilbevölkerung, oder den maßgeblich günstigen Auswirkungen des Projekts auf die Umwelt geltend gemacht werden. 2Sonstige Gründe im Sinne des Absatzes 3 Nr. 1 können nur berücksichtigt werden, wenn die zuständige Behörde zuvor über das Bundesministerium für Umwelt, Naturschutz und Reaktorsicherheit eine Stellungnahme der Kommission eingeholt hat.

(5) Soll ein Projekt nach Absatz 3, auch in Verbindung mit Absatz 4, zugelassen oder durchgeführt werden, sind die zur Sicherung des Zusammenhangs des Europäischen ökologischen Netzes "Natura 2000" notwendigen Maßnahmen vorzusehen. Die zuständige Behörde unterrichtet die Kommission über das Bundesministerium für Umwelt, Naturschutz und Reaktorsicherheit über die getroffenen Maßnahmen.

§ 34a Gentechnisch veränderte Organismen

Auf

1. Freisetzungen gentechnisch veränderter Organismen und
2. die land-, forst- und fischereiwirtschaftliche Nutzung von rechtmäßig in Verkehr gebrachten Produkten, die gentechnisch veränderte Organismen enthalten oder aus solchen bestehen, sowie den sonstigen, insbesondere auch nicht erwerbswirtschaftlichen, Umgang mit solchen Produkten, der in seinen Auswirkungen den vorgenannten Handlungen vergleichbar ist, innerhalb eines Gebiets von gemeinschaftlicher Bedeutung oder eines Europäischen Vogelschutzgebiets,

soweit sie, einzeln oder im Zusammenwirken mit anderen Projekten oder Plänen, geeignet sind, ein Gebiet von gemeinschaftlicher Bedeutung oder ein Europäisches Vogelschutzgebiet erheblich zu beeinträchtigen, ist § 34 Abs. 1 und 2 entsprechend anzuwenden.

§ 35 Pläne

§ 34 ist entsprechend anzuwenden bei

1. Linienbestimmungen nach § 16 des Bundesfernstraßengesetzes, § 13 des Bundeswasserstraßengesetzes oder § 2 Abs. 1 des Verkehrswegeplanungsbeschleunigungsgesetzes sowie

2.   sonstigen Plänen, bei Raumordnungsplänen im Sinne des § 3 Nr. 7 des Raumordnungsgesetzes mit Ausnahme des § 34 Abs. 1 Satz 1.

Bei Bauleitplänen und Satzungen nach § 34 Abs. 4 Satz 1 Nr. 3 des Baugesetzbuchs ist § 34 Abs. 1 Satz 2 und Abs. 2 bis 5 entsprechend anzuwenden.

§ 36 Stoffliche Belastungen

Ist zu erwarten, dass von einer nach dem Bundes-Immissionsschutzgesetz genehmigungsbedürftigen Anlage Emissionen ausgehen, die, auch im Zusammenwirken mit anderen Anlagen oder Maßnahmen, im Einwirkungsbereich dieser Anlage ein Gebiet von gemeinschaftlicher Bedeutung oder ein Europäisches Vogelschutzgebiet in seinen für die Erhaltungsziele oder den Schutzzweck maßgeblichen Bestandteilen erheblich beeinträchtigen, und können die Beeinträchtigungen nicht entsprechend § 19 Abs. 2 ausgeglichen werden, steht dies der Genehmigung der Anlage entgegen, soweit nicht die Voraussetzungen des § 34 Abs. 3 in Verbindung mit Abs. 4 erfüllt sind. 2§ 34 Abs. 1 und 5 gilt entsprechend. Die Entscheidungen ergehen im Benehmen mit den für Naturschutz und Landschaftspflege zuständigen Behörden.

§ 37 Verhältnis zu anderen Rechtsvorschriften

(1) § 34 gilt nicht für Vorhaben im Sinne des § 29 des Baugesetzbuchs in Gebieten mit Bebauungsplänen nach § 30 des Baugesetzbuchs und während der Planaufstellung nach § 33 des Baugesetzbuchs. Für Vorhaben im Innenbereich nach § 34 des Baugesetzbuchs, im Außenbereich nach § 35 des Baugesetzbuchs sowie für Bebauungspläne, soweit sie eine Planfeststellung ersetzen, bleibt die Geltung des § 34 unberührt.

(2) Für geschützte Teile von Natur und Landschaft und geschützte Biotope im Sinne des § 30 sind die §§ 34 und 36 nur insoweit anzuwenden, als die Schutzvorschriften, einschließlich der Vorschriften über Ausnahmen und Befreiungen, keine strengeren Regelungen für die Zulassung von Projekten enthalten. 2Die Pflichten nach § 34 Abs. 4 Satz 2 über die Beteiligung der Kommission und nach § 34 Abs. 5 Satz 2 über die Unterrichtung der Kommission bleiben jedoch unberührt.

(3) Handelt es sich bei Projekten um Eingriffe in Natur und Landschaft, bleiben die im Rahmen des § 19 erlassenen Vorschriften der Länder sowie die §§ 20 und 21 unberührt.

§ 38 Geschützte Meeresflächen in der ausschließlichen Wirtschaftszone und auf dem Festlandsockel

(1) Für den Schutz von Meeresflächen im Bereich der ausschließlichen Wirtschaftszone oder des Festlandsockels sind im Rahmen der Vorgaben des Seerechtsübereinkommens der Vereinten Nationen vom 10. Dezember 1982 (BGBl. 1994 II S. 1799) vorbehaltlich der Nummern 1 bis 5 die Vorschriften der §§ 33 und 34 entsprechend anzuwenden:

1.   Beschränkungen des Flugverkehrs, der Schifffahrt, der nach internationalem Recht erlaubten militärischen Nutzung sowie von Vorhaben der wissenschaftlichen Meeresforschung im Sinne des Artikels 246 Abs. 3 des Seerechtsübereinkommens der Vereinten Nationen sind nicht zulässig. 2Artikel 211 Abs. 6a des Seerechtsübereinkommens der Vereinten Nationen sowie die weiteren die Schifffahrt betreffenden völkerrechtlichen Regelungen bleiben unberührt.
2.   Die Versagungsgründe für Vorhaben der wissenschaftlichen Meeresforschung im Sinne des Artikels 246 Abs. 5 des Seerechtsübereinkommens der Vereinten Nationen bleiben unter Beachtung des Gesetzes über die Durchführung wissenschaftlicher

Meeresforschung vom 6. Juni 1995 (BGBl. I S. 778, 785), zuletzt geändert durch Artikel 24 des Gesetzes vom 15. Dezember 2001 (BGBl. I S. 3762), unberührt.

3.   Beschränkungen der Fischerei sind nur in Übereinstimmung mit dem Recht der Europäischen Gemeinschaften und nach Maßgabe des Seefischereigesetzes in der Fassung der Bekanntmachung vom 6. Juli 1998 (BGBl. I S. 1791), zuletzt geändert durch Artikel 209 der Verordnung vom 29. Oktober 2001 (BGBl. I S. 2785), zulässig.

4.   Beschränkungen bei der Verlegung von unterseeischen Kabeln und Rohrleitungen sind nur nach § 34 und in Übereinstimmung mit Artikel 56 Abs. 3 in Verbindung mit Artikel 79 des Seerechtsübereinkommens der Vereinten Nationen zulässig.

5.   Beschränkungen bei der Energieerzeugung aus Wasser, Strömung und Wind sowie bei der Aufsuchung und Gewinnung von Bodenschätzen sind nur nach § 34 zulässig.

(2) Das Bundesamt für Naturschutz nimmt im Rahmen des Absatzes 1 die sich aus dem Aufbau und dem Schutz des Europäischen Netzes "Natura 2000" ergebenden Aufgaben wahr. Satz 1 gilt nicht für die Aufgaben nach § 34 sowie für die Erklärung zu geschützten Teilen von Natur und Landschaft nach Absatz 3. 3Die Auswahl der geschützten Meeresflächen erfolgt unter Einbeziehung der Öffentlichkeit mit Zustimmung des Bundesministeriums für Umwelt, Naturschutz und Reaktorsicherheit. 4Das Bundesministerium für Umwelt, Naturschutz und Reaktorsicherheit beteiligt die fachlich betroffenen Bundesministerien und stellt das Benehmen mit den angrenzenden Ländern her.

(3) Die Erklärung zu geschützten Teilen von Natur und Landschaft nach § 33 Abs. 2 erfolgt im Rahmen der Absätze 1 und 2 durch das Bundesministerium für Umwelt, Naturschutz und Reaktorsicherheit unter Beteiligung der fachlich betroffenen Bundesministerien durch Rechtsverordnung, die nicht der Zustimmung des Bundesrates bedarf.

Textanhang 1: NATURA 2000 im Bundesnaturschutz

Quelle: BUNDESMINISTERIUM DER JUSTIZ (o.A.): Gesetze über Naturschutz und Landschaftspflege. Internet: http://bundesrecht.juris.de/bnatschg_2002/index.html (Stand: 14.05.2007).

**Richtlinie 92/43/EWG des Rates
vom 21. Mai 1992
zur Erhaltung der natürlichen Lebensräume sowie der
wildlebenden Tiere und Pflanzen**
(ABl. EG Nr. L 206/7 vom 22.7.92), geändert durch Richtlinie 97/62/EG des
Rates vom 27.10.1997 (ABl. EG Nr. L 305/42)
"FFH-Richtlinie"

Der Rat der europäischen Gemeinschaften hat folgende Richtlinie erlassen:

Begriffsbestimmungen
Artikel 1
Im Sinne dieser Richtlinie bedeutet:
a) *"Erhaltung":* alle Maßnahmen, die erforderlich sind, um die natürlichen Lebensräume und die Populationen wildlebender Tier- und Pflanzenarten in einem günstigen Erhaltungszustand im Sinne des Buchstabens e) oder i) zu erhalten oder diesen wiederherzustellen.
b) *"Natürlicher Lebensraum":* durch geographische, abiotische und biotische Merkmale gekennzeichnete völlig natürliche oder naturnahe terrestrische oder aquatische Gebiete.
c) *"Natürliche Lebensräume von gemeinschaftlichem Interesse":* diejenigen Lebensräume, die in dem in Artikel 2 erwähnten Gebiet

i) im Bereich ihres natürlichen Vorkommens vom Verschwinden bedroht sind oder

ii) infolge ihres Rückgangs oder aufgrund ihres an sich schon begrenzten Vorkommens ein geringes natürliches Verbreitungsgebiet haben oder

iii) typische Merkmale einer oder mehrerer der folgenden fünf biogeographischen Regionen aufweisen: alpine, atlantische, kontinentale, makaronesische und mediterrane.

Diese Lebensraumtypen sind in Anhang 1 aufgeführt bzw. können dort aufgeführt weiden.

d) *"Prioritäre natürliche Lebensraumtypen"*: die in dem in Artikel 2 genannten Gebiet vom Verschwinden bedrohten natürlichen Lebensraumtypen, für deren Erhaltung der Gemeinschaft aufgrund der natürlichen Ausdehnung dieser Lebensraumtypen im Verhältnis zu dem in Artikel 2 genannten Gebiet besondere Verantwortung zukommt; diese prioritären natürlichen Lebensraumtypen sind in Anhang 1 mit einem Sternchen (*) gekennzeichnet;

e) *"Erhaltungszustand eines natürlichen Lebensraums"*: die Gesamtheit der Einwirkungen, die den betreffenden Lebensraum und die darin vorkommenden charakteristischen Arten beeinflussen und die sich langfristig auf seine natürliche Verbreitung, seine Struktur und seine Funktionen sowie das Überleben seiner charakteristischen Arten in dem in Artikel 2 genannten Gebiet auswirken können. Der „Erhaltungszustand" eines natürlichen Lebensraums wird als "günstig" erachtet, wenn

- sein natürliches Verbreitungsgebiet sowie die Flächen, die er in diesem Gebiet einnimmt, beständig sind oder sich ausdehnen und

- die für seinen langfristigen Fortbestand notwendige Struktur und spezifischen Funktionen bestehen und in absehbarer Zukunft wahrscheinlich weiterbestehen werden und

- der Erhaltungszustand der für ihn charakteristischen Arten im Sinne des Buchstabens i) günstig ist.

f) "Habitat einer Art": durch spezifische abiotische und biotische Faktoren bestimmter Lebensraum, in dem diese Art in einem der Stadien ihres Lebenskreislaufs vorkommt.

g) „*Arten von gemeinschaftlichem Interesse*": Arten, die in dem in Artikel 2 bezeichneten Gebiet

i) bedroht sind, außer denjenigen, deren natürliche Verbreitung sich nur auf Randzonen des vorgenannten Gebietes erstreckt und die weder bedroht noch im Gebiet der westlichen Paläarktis potentiell bedroht sind, oder

ii) potentiell bedroht sind, d.h., deren baldiger Übergang in die Kategorie der bedrohten Affen als wahrscheinlich betrachtet wird, falls die ursächlichen Faktoren der Bedrohung fortdauern, oder

iii) selten sind, d.h., deren Populationen klein und, wenn nicht unmittelbar so doch mittelbar bedroht oder potentiell bedroht sind. Diese Affen kommen entweder in begrenzten geographischen Regionen oder in einem größeren Gebiet vereinzelt vor; oder

iv) endemisch sind und infolge der besonderen Merkmale ihres Habitats und/oder der potentiellen Auswirkungen ihrer Nutzung auf ihren Erhaltungszustand besondere Beachtung erfordern.

Diese Arten sind in Anhang II und/oder Anhang IV oder Anhang V aufgeführt bzw. können dort aufgeführt werden.

h) „*Prioritäre Arten*": die unter Buchstabe g) Ziffer i) genannten Arten, für deren Erhaltung der Gemeinschaft aufgrund ihrer natürlichen Ausdehnung im Verhältnis zu dem in Artikel 2 genannten Gebiet besondere Verantwortung zukommt; diese prioritären Arten sind in Anhang II mit einem Sternchen (*) gekennzeichnet.

i) „*Erhaltungszustand einer Art*": die Gesamtheit der Einflüsse, die sich langfristig auf die Verbreitung und die Größe der Populationen der betreffenden Arten in dem in Artikel 2 bezeichneten Gebiet auswirken können.

Der Erhaltungszustand wird als „günstig" betrachtet, wenn - aufgrund der Daten über die Populationsdynamik der Art anzunehmen ist, dass diese Art ein lebensfähiges Element des natürlichen Lebensraumes, dem sie angehört, bildet und langfristig weiterhin bilden wird, und

- das natürliche Verbreitungsgebiet dieser Art weder abnimmt noch in absehbarer Zeit vermutlich abnehmen wird und

- ein genügend großer Lebensraum vorhanden ist und wahrscheinlich weiterhin vorhanden sein wird, um langfristig ein Überleben der Populationen dieser Art zu sichern.

j) *"Gebiet"*: ein geographisch definierter Bereich mit klar abgegrenzter Fläche.

k) *"Gebiet von gemeinschaftlicher Bedeutung"*: Gebiet, das in der oder den biogeographischen Region(en), zu welchen es gehört, in signifikantem Maße dazu beiträgt, einen natürlichen Lebensraumtyp des Anhangs 1 oder eine Art des Anhangs II in einem günstigen Erhaltungszustand zu bewahren oder einen solchen wiederherzustellen und auch in signifikantem Maße zur Kohärenz des in Artikel 3 genannten Netzes „Natura 2000" und/oder in signifikantem Maße zur biologischen Vielfalt in der biogeographischen Region beitragen kann.

Bei Tierarten, die große Lebensräume beanspruchen, entsprechen die Gebiete von gemeinschaftlichem Interesse den Orten im natürlichen Verbreitungsgebiet dieser Arten, welche die für ihr Leben und ihre Fortpflanzung ausschlaggebenden physischen und biologischen Elemente aufweisen.

l) *"Besonderes Schutzgebiet"*: ein von den Mitgliedstaaten durch eine Rechts- oder Verwaltungsvorschrift und/oder eine vertragliche Vereinbarung als ein von gemeinschaftlicher Bedeutung ausgewiesenes Gebiet, in dem die Maßnahmen, die zur Wahrung oder Wiederherstellung eines günstigen Erhaltungszustandes der natürlichen Lebensräume und/oder Populationen der Arten, für die das Gebiet bestimmt ist, erforderlich sind, durchgeführt werden.

m) *"Exemplar"*: jedes Tier oder jede Pflanze - lebend oder tot - der in Anhang IV und Anhang V aufgeführten Arten, jedes Teil oder jedes aus dem Tier oder der Pflanze gewonnene Produkt sowie jede andere Ware, die aufgrund eines Begleitdokuments, der Verpackung, eines Zeichens, eines Etiketts oder eines anderen Sachverhalts als Teil oder Derivat von Tieren oder Pflanzen der erwähnten Arten identifiziert werden kann.

n) *"Ausschuß"*: der aufgrund des Artikel 20 eingesetzte Ausschuß.

Artikel 2

(1) Diese Richtlinie hat zum Ziel, zur Sicherung der Artenvielfalt durch die Erhaltung der natürlichen Lebensräume sowie der wildlebenden Tiere und Pflanzen im europäischen Gebiet der Mitgliedstaaten, für das der Vertrag Geltung hat, beizutragen.

(2) Die aufgrund dieser Richtlinie getroffenen Maßnahmen zielen darauf ab, einen günstigen Erhaltungszustand der natürlichen Lebensräume und wildlebenden Tier- und Pflanzenarten von gemeinschaftlichem Interesse zu bewahren oder wiederherzustellen.

(3) Die aufgrund dieser Richtlinie getroffenen Maßnahmen tragen den Anforderungen von Wirtschaft, Gesellschaft und Kultur sowie den regionalen und örtlichen Besonderheiten Rechnung.

Textanhang 2: Die FFH-Richtlinie

Quelle: STADTPLANUNGSAMT BERLIN (Hrsg.) (o.A.): Richtlinie 92/43/EWG des Rates vom 21. Mai 1992 zur Erhaltung der natürlichen Lebensräume sowie der wildlebenden Tiere und Pflanzen. Internet: http://www.stadtentwicklung.berlin.de/umwelt/naturschutz/downloads/rechtsgrundlagen/eurecht/ffh-richtlinie.pdf (Stand: 14.04.2007).

1. Landwirtschaft, Garten-, Obst- und Weinbau/Pflege des Offenlandes

2. Rücknahme der Nutzung des Waldes

3. Einstellung/Beschränkung der Jagdausübung

4. Erhaltung und Rückführung des natürlichen Wasserregimes

5. Rücknahme/Regulierung der fischereiwirtschaftlichen Nutzung

6. Einstellung/Einschränkung durchgeführter Freizeitnutzung

7. Einstellung der militärischen Nutzung

8. Einstellung der Rohstoffgewinnung/Einstellung von Abgrabungen

9. Schaffung/Erhalt von Strukturen

10. Artenschutzmaßnahmen an Verkehrswegen/Energieleitungen

11. Artenschutzmaßnahmen „Säugetiere"

12. Pflegemaßnahmen

13. Ausweisung von Schutzgebieten

14. Informationsveranstaltungen

15. Sukzession

Textanhang 3: Erhaltungs- und Entwicklungsmaßnahmen (ohne Unterpunkte)

Quelle: BUNDESAMT FÜR NATURSCHUTZ (03/2005): Zeitplan zum Verfahren der Gebietsausweisung und der Berichterstattung im Rahmen des Netzwerkes Natura 2000. Internet: http://www.bfn.de/fileadmin/MDB/documents/zeitplan.pdf (Stand: 12.04.2007).